Mahaveer Kanchgouda

Preparação de iogurte probiótico de soja utilizando bactérias lácticas

Mahaveer Kanchgouda

Preparação de iogurte probiótico de soja utilizando bactérias lácticas

ScienciaScripts

Imprint

Any brand names and product names mentioned in this book are subject to trademark, brand or patent protection and are trademarks or registered trademarks of their respective holders. The use of brand names, product names, common names, trade names, product descriptions etc. even without a particular marking in this work is in no way to be construed to mean that such names may be regarded as unrestricted in respect of trademark and brand protection legislation and could thus be used by anyone.

Cover image: www.ingimage.com

This book is a translation from the original published under ISBN 978-620-2-00668-2.

Publisher:
Sciencia Scripts
is a trademark of
Dodo Books Indian Ocean Ltd. and OmniScriptum S.R.L publishing group

120 High Road, East Finchley, London, N2 9ED, United Kingdom
Str. Armeneasca 28/1, office 1, Chisinau MD-2012, Republic of Moldova, Europe
Printed at: see last page
ISBN: 978-620-7-69668-0

ÍNDICE DE CONTEÚDOS

<u>RECONHECIMENTO</u>

Sempre que a nossa própria luz se apaga, é reacendida por uma centelha de outra pessoa. Cada um de nós tem motivos para pensar com profunda gratidão naqueles que acenderam a chama dentro de nós. ... Albert Schweitzer.

Este trabalho de projeto foi um esforço de equipa e o seu êxito exigiu a ajuda de muitos. Embora as palavras não consigam expressar a minha gratidão para com todos os apoiantes que contribuíram com os seus esforços para esta realização parcial, gostaria de aproveitar esta oportunidade para partilhar os meus sinceros agradecimentos a todos, sem cuja ajuda e apoio este projeto não teria sido possível. As discussões, o encorajamento, as sugestões e as críticas que fizeram foram a essência deste trabalho.

Em primeiro lugar, gostaria de agradecer aos meus orientadores de projeto - Prof. A. B. Vedamurthy e Dr. M. B. Hiremath - pela sua orientação competente para a conclusão bem sucedida do meu projeto.

Gostaria também de dedicar uma palavra especial de apreço a todo o corpo docente.

Gostaria de expressar a minha sincera gratidão ao Sr. Sunil Dodamani, ao Dr. Arun Shetty, ao Sr. Sadashiv S, ao Sr. Gangadhar Gouripur, ao Dr. Sudesh Jogayya e ao Dr. Chetan.

Estou igualmente grato ao pessoal não docente do Departamento de Estudos de P. G. em Biotecnologia e Microbiologia, especialmente aos assistentes de laboratório e aos assistentes pela sua cooperação. Um grande obrigado também ao Departamento de Química da Universidade de Karnatak, Dharwad, pela sua ajuda.

Gostaria também de agradecer o apoio dos meus amigos e da minha família que me ajudaram e me deram apoio moral durante a realização do projeto.

Um agradecimento especial aos meus amigos - Sra. Chetana Shilawant, Sra. Heena Y. Khan, Sra. NehaYeshamalla, Sra. Sarah T. Mesquita e Sr. Siddhivinayak Viswakarma pela sua ajuda na realização do meu projeto.

... E a todas as pessoas cujo nome e referência podem ter sido omitidos nos agradecimentos.

Local: Dharwad

Data:

ElieMetchnikoff- "Pai dos Probióticos"

"Estamos habituados a pensar que as bactérias são formas perigosas de vida microscópica com o potencial de nos exterminar. Nem todas as bactérias são agentes das trevas. Muitas são absolutamente vitais para a nossa saúde e, se tivermos uma deficiência delas, sofremos consequências que ultrapassam em muito o seu tamanho microscópico."

Capítulo 1

INTRODUÇÃO
<u>INTRODUÇÃO</u>
INTRODUÇÃO

As alterações demográficas e socioeconómicas influenciam os hábitos de vida e de trabalho das populações. O crescimento económico, a modernização, a urbanização e a socialização alteraram o estilo de vida e a alimentação das famílias indianas. A Índia, com uma população de mais de mil milhões de habitantes, tem muitos desafios para melhorar a saúde e a nutrição dos seus cidadãos.

Atualmente, em todo o mundo, a ocorrência de perturbações associadas ao intestino, incluindo a doença inflamatória intestinal, a doença de Crohn e a colite ulcerosa e as alergias, assume uma importância crescente. Por conseguinte, considera-se que o equilíbrio da microbiota intestinal proporciona resistência à colonização contra agentes infecciosos e estimula o sistema imunitário, promove processos antialérgicos e reduz a hipersensibilidade (Bhardwaj. *et al.*, 2012 e 4).

Na sociedade, o leite está rodeado de importância emocional e cultural. Desde tempos imemoriais que o leite e os produtos lácteos são reconhecidos como um importante constituinte de uma dieta equilibrada para os seres humanos (*Bhardwajet al.,* 2012). O leite é um dos alimentos para a nutrição humana (Tiet e Diep). A propriedade nutritiva do leite é atribuída a todos os ingredientes essenciais presentes no mesmo e que é ainda melhorada durante a fermentação sob a influência da atividade metabólica das culturas iniciadoras (Sarkar, 2008).

O leite, associado a bactérias benéficas, apresenta determinados benefícios para a saúde, pelo

que está a ganhar credibilidade científica a um ritmo acelerado. Os exemplos mais conhecidos

de alimentos funcionais são os leites fermentados que contêm bactérias benéficas e são

designados "probióticos" (*Bhardwajet al.*, 2012).

Os probióticos são definidos como um grupo de microrganismos vivos que transitam pelo trato
gastrointestinal e que, ao fazê-lo, beneficiam a saúde do consumidor (*Tannocket al.*, 2000). Os
probióticos disponíveis comercialmente são usados extensivamente porque essencialmente
nenhum risco está associado ao consumo de tais alimentos com probióticos bem definidos.

Há, pelo menos, 4000 anos que as bactérias do ácido lático são utilizadas para fermentar

alimentos e deram origem a diferentes produtos lácteos cultivados com uma melhor

conservação, acompanhados de uma textura e um sabor característicos, que não são idênticos

aos do alimento original (Sal off-Coste, 1994; S. Sarkar, 2008).

Nas últimas décadas, o isolamento e a caraterização de novas estirpes de bactérias do ácido

lático a partir de vários biótopos suscitaram um grande interesse (*Saidiet al.*, 2011). Os

microrganismos probióticos encontram-se em muitos alimentos fermentados, pelo que as

bactérias probióticas do ácido lático podem ser isoladas de produtos lácteos fermentados, como

o leite acidófilo, o iogurte, o queijo e a coalhada. Para além das culturas lácticas iniciais, os

probióticos no dahi incluem *Lactobacillus acidophilus, Lactobacillus bulgaricus,*

Lactobacillus casei, Streptococus thermophilesetc (Bhardwaj *et al.*, 2012).

Um dos mais antigos produtos lácteos fermentados indianos é o "Dahi" e é equivalente ao

iogurte ocidental. O shrikhand e o lassi são derivados do dahi. De acordo com as práticas

actuais, o dahi é produzido invariavelmente em pequena escala na Índia. Em diferentes

condições domésticas e com leite de qualidade química e bacteriológica variável, a composição

e a qualidade do dahi variam muito (.Tannock *,et al.*, 2000). O teor de vitaminas, proteínas,

minerais, hidratos de carbono e várias actividades terapêuticas aumentam o valor dietético do

produto lácteo fermentado indiano. Na Índia, apenas 7% do leite total produzido é utilizado na preparação de produtos lácteos fermentados (*Anejaet al.*, 2000). A qualidade proteica do dahi é relatada como sendo 330% superior à do leite e contém 1470-2433mg/ml de aminoácidos essenciais, dos quais 0,2- 38,0mg/ml são livres (Sarkar, 2008).

Em pessoas intolerantes à lactose, os probióticos melhoram a digestão da lactose, devido à capacidade da maioria dos lactobacilos de produzir a enzima 0-galactosidase que hidrolisa a lactose, o principal hidrato de carbono do leite, em glucose e galactose, que mais tarde pode ser facilmente absorvida através do epitélio intestinal (Troelsen, 2005; Vasiljevic e Jelen, 2001; Heymen, 2006; Gheytanchi, *et al.*, 2010).

As alternativas aos produtos lácteos estão a ser utilizadas por muitas pessoas na sua vida quotidiana. Em particular, a ênfase da sociedade numa nutrição com baixo teor de gordura e de calorias criou um enorme desejo por algo diferente do leite nos cereais, café, gelados, etc. O leite de soja, o leite de arroz e o leite de amêndoa são as três principais alternativas aos produtos lácteos. A principal diferença entre o leite de soja e o leite normal reside no teor de proteínas do leite e no teor calórico (Stinson, 2012). O leite de vaca tem uma quantidade significativa de gordura.

A soja é o grão mais importante do mundo em termos económicos e constitui uma boa fonte de proteínas vegetais para milhões de pessoas. Na literatura, foi relatado o crescimento de culturas de bacilos de ácido lático no leite de soja. A sacarose, a estacinose e a rafinose são os principais hidratos de carbono dos grãos de soja. O seu consumo generalizado é limitado devido ao seu sabor a feijão e aos elevados níveis de rafinose, estaquiose e oligossacáridos, que podem provocar flatulência quando consumidos em grandes quantidades. O leite de soja é uma bebida feita a partir de grãos de soja e, tecnicamente, não é leite. Não contém lactose, pelo que é adequado para pessoas intolerantes à lactose. Para vegetarianos e veganos, é um substituto popular do leite de vaca, uma vez que é obtido a partir de uma fonte vegetal (*Omogbaiet al.*, 2005).

OBJECTIVOS E METAS
OBJECTIVOS E METAS

O presente estudo foi concebido para:-

- O isolamento e a identificação de uma espécie de *Lactobacillus a* partir de uma amostra de Dahi probiótico recolhida no mercado local.

- Determinação da natureza das bactérias do ácido lático (LAB).

- Determinação do crescimento ótimo e do pH de estirpes isoladas de *Lactobacillus*.

- Determinação da tolerância ao cloreto de sódio.

- Determinação da tolerância aos sais biliares.

- Quantificação da produção de ácido lático no leite.

- Estudar o potencial antibacteriano do isolado de LAB.

- Determinação da gama de atividade antimicrobiana das BAL contra uma variedade de microrganismos.

- Aplicação de bactérias lácticas na fermentação de leite de soja em iogurte de soja.

Capítulo 2

REVISÃO DA LITERATURA
REVISÃO DA LITERATURA

Foi feito um esforço para rever a literatura no que diz respeito a alguns aspectos dos probióticos.

A palavra "probiótico" deriva do grego que significa "para a vida" e tem tido vários significados diferentes ao longo dos anos. A palavra probiótico tem sido utilizada de várias formas diferentes. Em 1974, Parkar definiu-a como "organismos e substâncias que contribuem para o equilíbrio microbiano intestinal".

1. EVOLUÇÃO HISTÓRICA:

Elie Metchnikoff, um cientista ucraniano, estudou e demonstrou que os micróbios patogénicos ou as toxinas podem ser decompostos no corpo humano através de um mecanismo denominado fagocitose, pelo qual recebeu o "Prémio Nobel" de Medicina em 1908.

Mais tarde, StalmenGrigorov, um médico búlgaro, demonstrou que as bactérias presentes no iogurte ajudavam a melhorar a digestão e a fortalecer o sistema imunitário. Afirmou também que algumas das bactérias presentes no intestino grosso produzem toxinas que inibem os micróbios patogénicos.

Depois, Henry Tissier, um pediatra francês, efectuou um teste em crianças com diarreia. Recolheu amostras de fezes e observou um número reduzido de bactérias. Por outro lado, verificou também as amostras de fezes de crianças saudáveis e descobriu uma quantidade abundante de bactérias. Observou bactérias em forma de Y.

Em 1965, Lilly e Stillwell designaram estas substâncias por "probióticos" e referiram também que estas substâncias (os micróbios que as segregam) favorecem o desenvolvimento de outros organismos benéficos.

Em 1980, Fuller também afirmou que os probióticos eram "suplementos microbianos", enquanto *Salminenet al.,* afirmou que eram alimentos que continham microrganismos vivos que eram bons para a saúde.

Os trabalhos de Parker sobre os probióticos levaram-no a afirmar que se tratava de organismos e respectivas substâncias que contribuem para o equilíbrio microbiano intestinal.

A Organização das Nações Unidas para a Alimentação e a Agricultura/OMS também definiu os probióticos como "micróbios vivos que, quando administrados em quantidade adequada, beneficiam a saúde do hospedeiro.

2. HISTÓRICO DE TRABALHO:

Havennaret al. propuseram determinados parâmetros para a seleção de um probiótico.

- Segurança total do anfitrião.
- Resistência à acidez gástrica e à secreção pancreática.
- Adesão às células epiteliais.
- Atividade antimicrobiana.

Em 1920, a estirpe *L. acidophillus* foi considerada muito importante pela sua atividade na cura de problemas de digestão.

Shirota, em 1931 (Japão), seleccionou determinadas estirpes de bactérias intestinais para desenvolver leite fermentado e produtos lácteos. Para o efeito, criou a empresa Yakult, que utilizava *Bifidobactersps. e L. casei* como duas estirpes utilizadas na produção de probióticos.

Shah e Chow trabalharam com *L. streptococcus* e *Bifidobactersps.* e afirmaram que estes são representados popularmente como probióticos gerais. Investigaram as suas funções com base no controlo da proliferação de células epiteliais e no desenvolvimento da homeostasia do sistema imunitário.

Moro, em 1990, isolou uma estirpe que designou por Bacillus acidophilus, que é o nome genérico de Lactobacillus, e depois caracterizou-os como bastonetes Gram positivos, não formadores de esporos e não flagelados, anaeróbios e estritamente fermentativos, que produzem quantidades equimolares de ácido lático, dióxido de carbono e etanol através da fermentação da glucose. Trabalhou também na distribuição das suas espécies em muitos nichos ecológicos através dos tractos genital e gastrointestinal.

3. MICRÓBIOS PROBIÓTICOS :

O termo probiótico não se limita apenas a *Lactobacillussps.ouBifidobactersps.*e é ainda mais alargado. Várias espécies de Bacillus têm sido utilizadas como probióticos em Itália sob a designação comercial "Enterogermina".

Também foi investigado que *o Bacillus subtilis* está associado a um produto japonês conhecido como Natto. A utilização deste produto leva à redução da coagulação sanguínea por fibrinólise e à estimulação do sistema imunitário. Além disso, segrega determinados antimicrobianos, como a coagulina e a amicoumacina.

Propõe-se também que os esporos de *Bacillus sps. conduzam* a uma imunomodulação que ocorre através da estimulação do tecido linfoide associado ao intestino (GALT) pela produção de citocinas.

Certos probióticos como o "Vitacanis" com bactérias do ácido lático, Saccharomycessps.são utilizados na prevenção de perturbações intestinais em cães e gatos.

O "Causido", um probiótico que contém S.thermophillus, é proposto para utilização no tratamento de efeitos hipocolesterolémicos.

4. SEGURANÇA:

Os estudos sugerem abordagens para avaliar a segurança de um determinado produto a ser utilizado como probiótico. Para um probiótico adequado, é necessário estudar

- As propriedades intrínsecas da deformação
- Atividade de sobrevivência no intestino, relação dose-resposta.
- Interação entre a estirpe e o hospedeiro.

A consulta conjunta OMS/FAO sobre a avaliação das propriedades nutricionais e de saúde dos probióticos nos alimentos, incluindo o leite em pó e as bactérias vivas do ácido lático, para gerar directrizes e metodologia para a avaliação dos probióticos.

Oelschlaeger indicou a classificação dos probióticos com base no modo de ação. Referiu três modos de ação

1. Os probióticos regulam o sistema imunitário inato e adquirido dos seres humanos.

2. Têm um efeito direto sobre os agentes patogénicos e comensais.

3. Os efeitos podem ser baseados em produtos microbianos como toxinas e produtos do hospedeiro como sais biliares e suco gástrico.

5. SAÚDE HUMANA

Galdeanoet al., afirmaram que a estimulação imunitária da mucosa que reforça e modula a resposta imunitária inata no intestino é o resultado do efeito do leite fermentado contendo bactérias lácticas.

Medina et al. Avaliou a capacidade de *Bifidobacter* para produzir citocinas.

Arunachalamet al., (1991) estudaram o consumo dietético de *B.lactis* e concluíram que a suplementação dietética a curto prazo resulta numa rápida melhoria da imunidade.

Shu e Gill sugeriram a eficácia da dosagem de probióticos na manutenção adequada da colite ulcerosa e da doença de Crohn.

Kalliomakiet al. também realizou uma experiência demonstrativa em que seleccionou 132 mulheres grávidas com qualquer grau de doença atópica como eczema, rinite alérgica ou asma. Administrou-lhes uma formulação de Lactobacillus durante duas semanas e aos recém-nascidos foi administrada a mesma fórmula durante seis meses após o parto. As crianças foram observadas durante 2 anos. *Varcoeet al.* investigaram a eficácia do Lactobacillus acidophilus na prevenção de doenças intestinais como a hiperplasia do cólon.

Capítulo 3

MATERIAIS E MÉTODOS

MATERIAIS E MÉTODOS

3.1 RECOLHA DE AMOSTRAS:

As amostras de requeijão (dahi) foram compradas e recolhidas em Goa e Dharwad. Foram armazenadas em sacos de polietileno a 4°C num frigorífico para proteger da deterioração e contaminação até à sua utilização.

3.2 ISOLAMENTO:

A coalhada disponível localmente foi utilizada para o isolamento de bactérias probióticas do ácido lático.

As amostras foram inoculadas em 50 ml de caldo nutritivo esterilizado e incubadas num agitador rotativo a 37°C durante 24 horas. Inoculou-se uma alça cheia das culturas acima incubadas em dois meios diferentes à base de ágar específicos para bactérias do ácido lático, ou seja, ágar MRS- De Mann, Rogosa& Sharpe (preparado pesando individualmente os componentes e utilizando também os meios prontos obtidos da HiMedia) e ágar NRCL- Neutral

Red, Calcium Carbonate & Lactose (preparado pesando individualmente os componentes). As amostras foram também inoculadas em ágar M17 (este meio também foi preparado pesando individualmente os componentes); este ágar é específico para bactérias estreptococos lácticos. As culturas obtidas foram subcultivadas três vezes, a 37°C, para eliminar as bactérias indesejadas e obter culturas puras.

3.3 IDENTIFICAÇÃO:

A partir das culturas puras obtidas, as espécies bacterianas foram identificadas com base nos seus caracteres de colónia, juntamente com outros exames microscópicos (coloração de Gram, coloração de endosporos, coloração ácido-rápida). Os isolados foram submetidos a testes bioquímicos (fermentação de hidratos de carbono, teste da catalase, testes IMViC, hidrólise da caseína, hidrólise da gelatina, teste de motilidade). Para utilização posterior, na preparação de iogurte de soja, apenas foi selecionada e utilizada uma única colónia. A colónia que foi selecionada para testes posteriores foi identificada através de referências cruzadas à literatura para garantir que continha bacilos produtores de ácido lático (que apresentavam natureza gram positiva e eram negativos para a produção de catalase).

EXAME MICROSCÓPICO:

Dos quatro isolados puros obtidos, todos foram confirmados como bacilos em forma de bastonete e também duas estirpes foram identificadas como cadeias de cocos através da coloração de Gram.

- Um esfregaço preparado numa lâmina de vidro limpa.

- O esfregaço foi primeiro seco ao ar e depois fixado pelo calor.

- O esfregaço e a lâmina foram então inundados primeiro com violeta de cristal e deixados na lâmina durante 90 segundos

- A lâmina foi então lavada com água destilada e, em seguida, inundada com iodo de Gram e deixada em contacto durante 45 segundos.

- O esfregaço foi então lavado com etanol a 70%.

- Adicionou-se então a contra-coloração Saffranine e deixou-se na lâmina durante 90 segundos.

- A lâmina foi então seca ao ar e visualizada primeiro com uma ampliação de 40x, seguida de uma visualização com uma objetiva de imersão em óleo de 100x.

3.4. **TESTE BIOQUÍMICO:**

3.4.1. **UTILIZAÇÃO DE CITRATO:**

O Lactobacillus sps. isolado *foi* inoculado em placas preparadas de ágar citrato de Simmon e verificou-se a capacidade do microrganismo para utilizar citrato como nutriente.

- Os tubos contendo ágar citrato de Simmon foram esterilizados numa autoclave e foram preparados slants.

- Os tubos foram semeados com os Lactobacillus sps. isolados com a ajuda de uma ansa de arame.

- Os tubos foram então inoculados a 37°C durante 24 horas.

- A mudança de cor das lâminas de verde para azul indicaria um teste positivo para a utilização de citrato. Após o período de incubação de 24 horas, os tubos foram observados quanto à mudança de cor do meio e as observações foram registadas em conformidade.

3.4.2. TESTE DE CATALASE:

Utilizando o método da lâmina, este teste foi efectuado na estirpe isolada da bactéria do ácido lático. Este teste é efectuado para verificar a presença da enzima catalase.

- Foi colhida uma colónia com uma ansa de inoculação e colocada numa lâmina de vidro sem gordura.
- Foi adicionada uma gota de solução de peróxido de hidrogénio a 3% à lâmina, diretamente sobre os microrganismos que foram colocados na lâmina.
- A formação de bolhas indica uma reação positiva para a presença de catalase. As observações foram estudadas e registadas em conformidade.

3.4.3. FERMENTAÇÃO DE HIDRATOS DE CARBONO:

A capacidade dos isolados testados para hidrolisar vários hidratos de carbono foi também verificada utilizando meios suplementados com esses hidratos de carbono (glucose, lactose, sacarose, frutose, etc.). O vermelho de fenol foi utilizado como indicador de pH.

- O meio de fermentação de hidratos de carbono foi preparado e foram-lhe adicionados vários hidratos de carbono diferentes em tubos diferentes.
- Foi adicionado um tubo de Durham invertido para verificar a produção de gás. O meio continha um indicador de pH para verificar a produção de ácido.

- O meio foi autoclavado e uma ansa cheia do microrganismo isolado foi inoculada em tubos de ensaio contendo o meio de caldo de fermentação de hidratos de carbono com tubos de Durham.

- Os tubos foram então incubados a 37°C durante 24-48 horas numa incubadora.

- Os tubos são controlados quanto à produção de ácido e gás e as observações são tabeladas.

- A alteração da cor do indicador e a produção de gás que aparece sob a forma de um espaço oco no tubo de Durham constituem um resultado positivo.

3.4.4. HIDRÓLISE DA ARGININA:

A espécie de Lactobacillus isolada foi verificada quanto à sua capacidade de hidrolisar o aminoácido arginina.

- O caldo de hidrólise de arginina foi preparado com 0,5% de arginina. O meio continha também o indicador de pH - púrpura de bromocresol.

- O meio foi autoclavado, seguido de inoculação com o isolado. Foi então incubado a 37°C durante 24 e 48 horas. As observações foram efectuadas tanto às 24 horas como às 48 horas.

- Um teste positivo para a hidrólise da arginina foi determinado pelo regresso da cor púrpura às 48 horas após o aparecimento da cor amarela às 24 horas.

3.5. CARACTERIZAÇÃO FISIOLÓGICA DO ISOLADO DE LACTOBACILLUS:

Estes testes foram efectuados após a confirmação da pureza dos isolados, através da coloração de Gram e do teste da catalase.

3.5.1. CRESCIMENTO A 10°C E 42°C:

- O caldo MRS foi preparado e esterilizado em dois frascos.

- Os caldos foram inoculados com 100p.l da cultura de teste e um frasco foi colocado a 10±1°C e o outro foi incubado a 42°C.

- O período de incubação para o frasco mantido a 10°C foi de 7 dias, enquanto o frasco mantido a 42°C foi incubado durante 48 horas.

- Após o final do período de incubação, o desenvolvimento de turvação foi registado como um resultado positivo, o que indicaria que o organismo poderia crescer bem a estas duas temperaturas específicas.

3.5.2. NECESSIDADE DE OXIGÉNIO DO ISOLADO:

O isolado foi verificado quanto à sua capacidade de crescer em condições anaeróbias, microaerofílicas e aeróbias. Foram utilizados vários métodos para proporcionar as condições acima referidas à cultura.

- O caldo MRS foi esterilizado e depois inoculado com o isolado. O primeiro frasco foi coberto com parafilme e mantido em um adesicador com uma vela queimada. Este conjunto foi deixado sem perturbações a 37°C durante 24-48 horas. Esta é a configuração para condições microaerofílicas.

- Noutro método, o caldo MRS foi esterilizado e depois inoculado com o isolado. A camada espessa de óleo esterilizado foi então vertida sobre o caldo inoculado. Também esta preparação foi deixada sem perturbações a 37°C durante 24-48 horas. Esta instalação foi utilizada para proporcionar condições de cultura anaeróbica

- O isolado de Lactobacillus foi também inoculado em caldo MRS e mantido em condições aeróbias a 37°C durante 24 horas.

Os frascos foram avaliados com base na turvação formada após o início do período de incubação. Isto indica-nos a capacidade do microrganismo para se manter num ambiente anaeróbio.

3.5.3. TOLERÂNCIA AO CLORETO DE SÓDIO (NACL):

A tolerância ao cloreto de sódio foi realizada através da inoculação do isolado selecionado de Bacillus do ácido lático em caldo MRS suplementado com diferentes concentrações de NaCl. As concentrações utilizadas foram de 1-10%.

- Preparou-se o caldo MRS e adicionaram-se-lhe diferentes quantidades de NaCl, de modo a obter diferentes concentrações de sais em cada tubo.
- Estas foram então esterilizadas, seguindo-se a inoculação com 100 pl de cultura nocturna.
- Os frascos foram então incubados a 37°C durante 24 horas.
- Após o período de incubação, o crescimento nos meios inoculados foi determinado

através da utilização de um espetrofotómetro. A densidade ótica foi lida a 600nm.

3.5.4. TOLERÂNCIA AOS SAIS BILIARES

O Lactobacillus sps. isolado *foi* cultivado em diferentes concentrações de sais biliares para verificar o seu nível de tolerância ao sal.

- Preparou-se o caldo MRS e adicionaram-se diferentes quantidades de sal biliar para obter concentrações variáveis do mesmo.
- O meio foi primeiro esterilizado e depois inoculado com 100 pl de cultura nocturna.
- Os frascos foram então incubados a 37° C durante 24 horas.
- No final do período de incubação, o crescimento das bactérias foi determinado utilizando um espetrofotómetro. A densidade ótica foi medida a 590nm.

3.5.5. crescimento a diferentes pH

O *Lactobacillussps.* isolado foi testado quanto à sua capacidade de crescer em diferentes pH. Foi utilizado o caldo MRS, cujo pH foi fixado em 2,5, 3,5, 4,5, 5,5, 6,5, 7,5 e 8,5.

- Depois de se estabelecer o pH do caldo, o meio MRS foi esterilizado e inoculado com 100-200pl do isolado testado.
- Os frascos foram então incubados a 37°C durante 24-48 horas.
- Os crescimentos nos frascos foram determinados através da leitura da absorvância a 600nm. Para o efeito, foi elaborado um gráfico.

3.6. PRODUÇÃO DE ÁCIDOS ORGÂNICOS

A estirpe de *Lactobacillussps.* isolada foi inoculada em caldo MRS suplementado com 10% de leite desnatado para quantificar a produção de ácido orgânico.

- O caldo MRS foi preparado e esterilizado. O caldo foi suplementado com leite desnatado estéril (10%).

- A estirpe isolada foi inoculada neste meio e incubada a 37°C durante 96 horas.

- Durante o período de incubação de 96 horas, as amostras fermentadas foram retiradas, os sólidos coagulados foram removidos e titulados contra hidróxido de sódio 0,1 N, utilizando fenolftaleína como indicador.

- O ponto final é registado no aparecimento da cor rosa na solução.

- A percentagem de ácidos orgânicos produzidos foi então calculada utilizando os valores de titulação obtidos.

3.7. ACTIVIDADE ANTIBACTERIANA DOS ISOLADOS:

O método da placa em taça foi utilizado para verificar a atividade antibacteriana dos *Lactobacillus sps* isolados.

- Preparou-se ágar nutriente, que foi vertido em placas de Petri e deixado a solidificar.

- O microrganismo testado foi então espalhado em placas no ágar nutriente solidificado.

- Em condições estéreis, com a ajuda de uma broca, foram feitos três poços em cada placa de ágar nutriente.

- O *Lactobacillus sps.* foi cultivado em caldo NRCL. O sobrenadante obtido a partir do caldo acima referido foi adicionado aos poços.

As placas foram incubadas primeiro a 10°C no frigorífico, para uma difusão eficaz. De seguida, foram incubadas numa posição invertida a 37°C. A presença de zonas claras à volta dos poços indica que a bactéria produziu compostos antibacterianos contra bactérias nocivas.

3.8. PREPARAÇÃO DE LEITE DE SOJA:

Os grãos de soja foram adquiridos à Aditya Birla Retail Limited. Foram demolhados durante a noite (16 horas) em água destilada. Os feijões foram depois fervidos numa solução a 1,0% de bicarbonato de sódio durante 5 minutos para remover o sabor a feijão dos feijões de soja. Os grãos foram depois misturados num misturador com a adição de água suficiente para obter um rácio água/feijão seco de 8:1 v/w. Isto ajudou a obter uma textura suave e agradável para o leite de soja. A mistura de grãos de soja foi filtrada através de várias camadas de pano de musselina. A polpa restante foi novamente misturada e novamente filtrada. O leite de soja filtrado foi então armazenado em garrafas de plástico a 4°C até à sua posterior utilização.

3.9. PREPARAÇÃO DE IOGURTE DE SOJA

As bactérias isoladas foram inoculadas em dois frascos diferentes contendo leite de soja preparado no laboratório (rotulado como 1) e mais dois frascos contendo leite de soja obtido de uma fonte comercial (rotulado como 2). A gelatina foi adicionada como estabilizador (1%) em todos os quatro frascos juntamente com sacarose (5%) e lactose (5%) separadamente para dar um sabor equilibrado de doçura e/ou acidez ao iogurte de soja. Os frascos foram incubados a 37°C durante 24 horas. Após o período de incubação, o iogurte preparado foi armazenado a 4°C até à avaliação. O iogurte foi avaliado com base na sua cor, odor, viscosidade, doçura, acidez e aceitabilidade global numa escala hedónica de 5 pontos por 6 membros do painel.

RESULTADOS
RESULTADOS:

4.1. ISOLAMENTO DE LACTOBACILOS DA COALHADA

Foram seleccionados quatro tipos diferentes de colónias a partir dos dois tipos diferentes de meios utilizados para o isolamento de Lactobacilli, ou seja, ágar MRS e ágar NRCL. Estas foram obtidas através do enriquecimento da amostra em 50 ml de caldo MRS, seguido de sementeira nos meios acima mencionados. Ao estudar a morfologia da colónia e a natureza Gram de cada um dos isolados seleccionados, foi identificada uma colónia que continha células gram +ve em forma de bastonete (bacilos). Os caracteres da colónia são mencionados no quadro seguinte.

4.2. IDENTIFICAÇÃO:

A natureza Gram de ambos os isolados seleccionados acima foi verificada. Verificou-se que ambos eram Gram +ve, ou seja, ambos absorveram a coloração primária de violeta de cristal. As células de cor púrpura em forma de bastonete reto foram observadas com uma objetiva de imersão em óleo de 100x. Depois de confirmar o carácter gram positivo, cada isolado foi caracterizado através da realização do teste da catalase e dos testes de fermentação do açúcar.

Para facilitar o manuseamento no laboratório e devido a limitações de tempo, foi selecionado um único isolado de bactérias do ácido lático (bacilos) e os seus caracteres foram estudados.

Exame microscópico: A bactéria era Gram +ve e tinha forma de bastonete, ou seja, era um bacilo Gram +ve

Tabela 4.1: Características da colónia e morfologia da estirpe de *Lactobacillus iso\ated*

Forma	Circular
Elevação	Convexo
Margem	Inteiro
Consistência	Opaco
Pigmentação	Branco creme
Superfície	Suave
Tamanho (diâmetro)	0,3 mm
Grama Natureza	Gram +ve, hastes rectas com extremidades arredondadas

PLACA-1

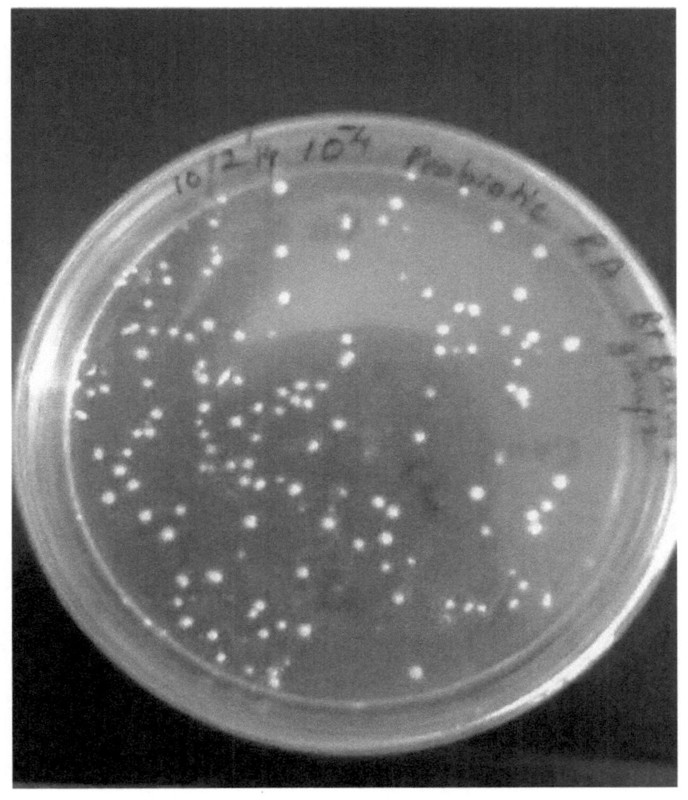

4.1: Colónias típicas obtidas em ágar Rogosa de Dahi

PLACA-2

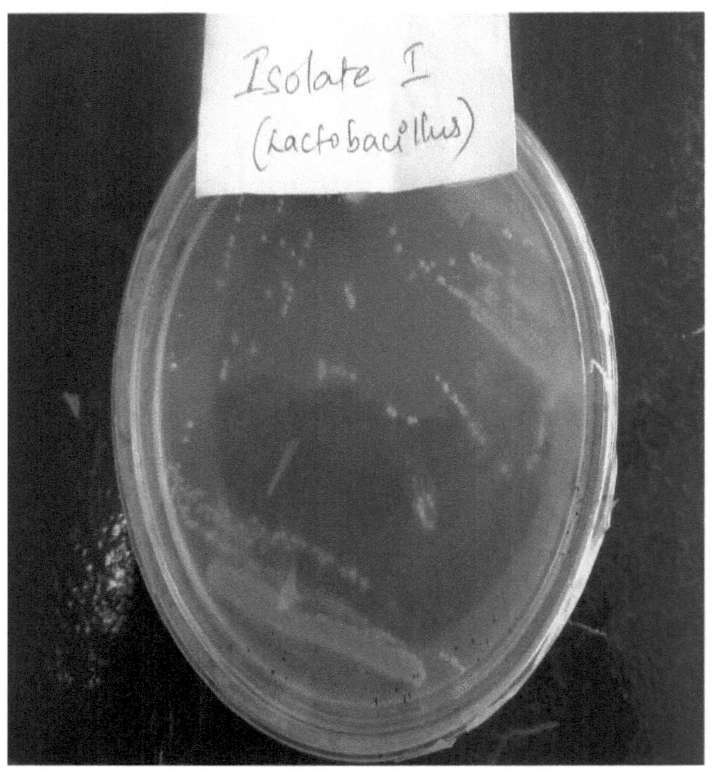

4.2: Isolado puro de *Lactobacillus* obtido de Dahi

PLACA-3

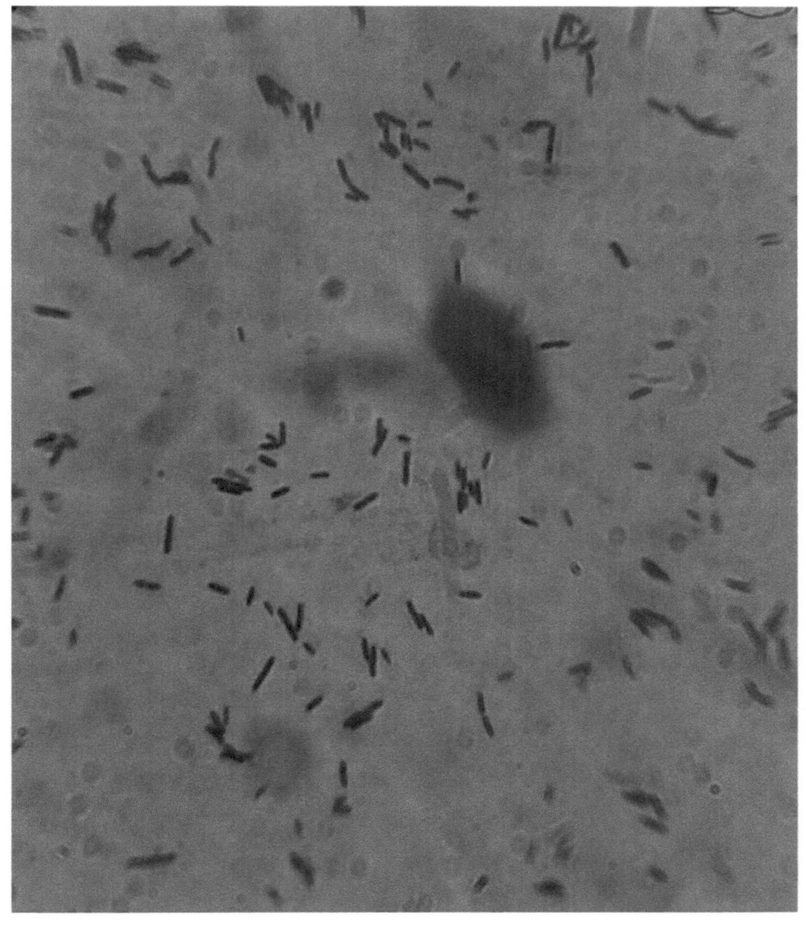

4.3: Bastonetes Gram +ve vistos ao microscópio após coloração

4.3. CARACTERIZAÇÃO BIOQUÍMICA:

Tabela 4.2: Resultados dos testes bioquímicos efectuados para o isolado
Lactobacillus sps.

Parâmetros de ensaio	Resultados
Teste de utilização de citrato	Negativo
Teste da catalase	Negativo
Fermentação de hidratos de carbono • Glicose • Galactose • Sacarose • Lactose • Maltose • Frutose • Manitol • Xilose	• Positivo para a produção de ácido • Positivo para a produção de ácido • Positivo para a produção de ácido • Positivo para a produção de ácido • Positivo para a produção de ácido • Positivo para a produção de ácido • Positivo para a produção de ácido • Positivo para a produção de ácido
Teste de hidrólise da arginina	Negativo

PLACA-4

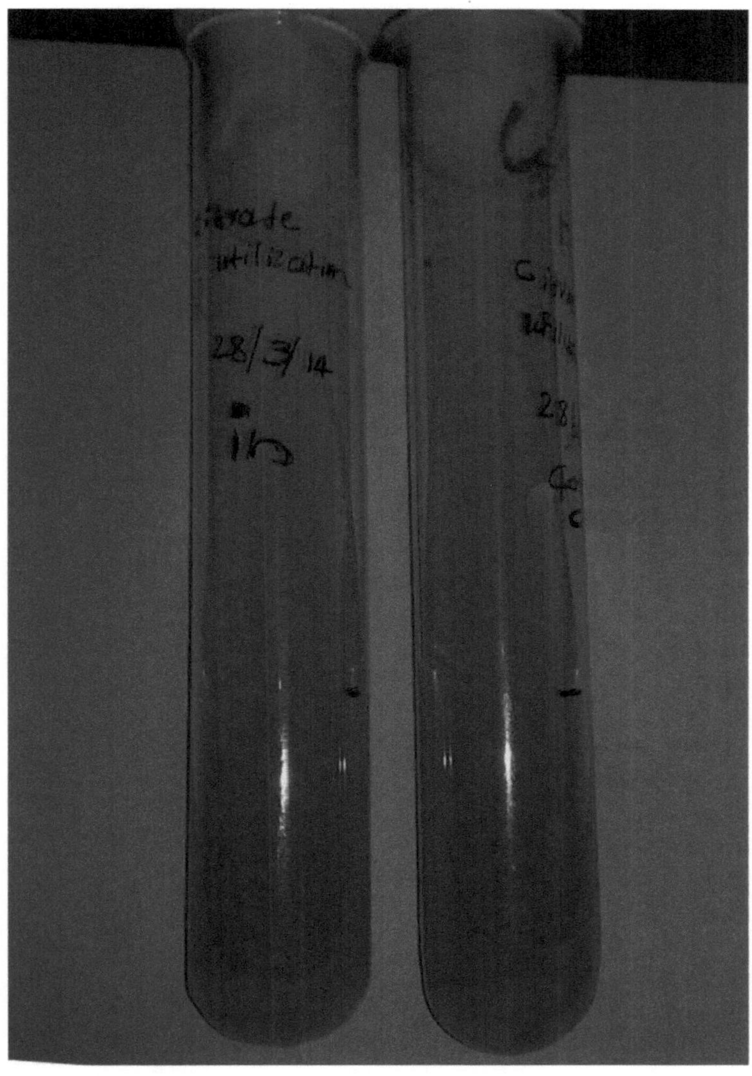

4.4: Resultado negativo para o teste de utilização de citratos

PLACA-5& 6

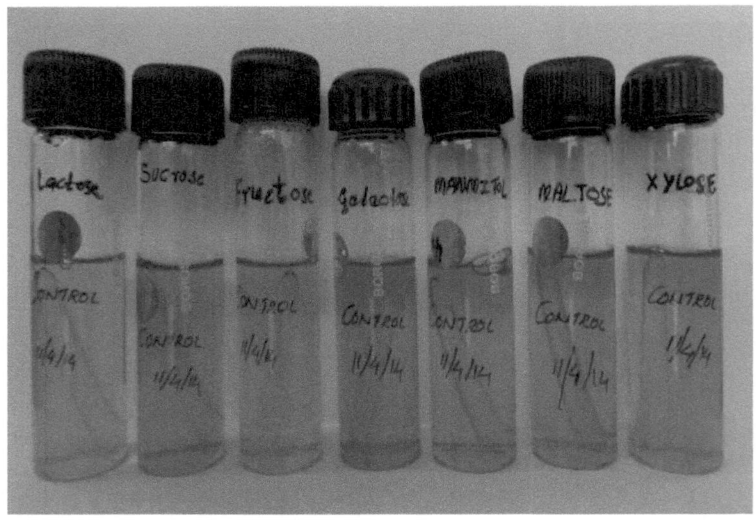

4.5: Fermentação de hidratos de carbono por
Lactobacillusisolate
(controlo)

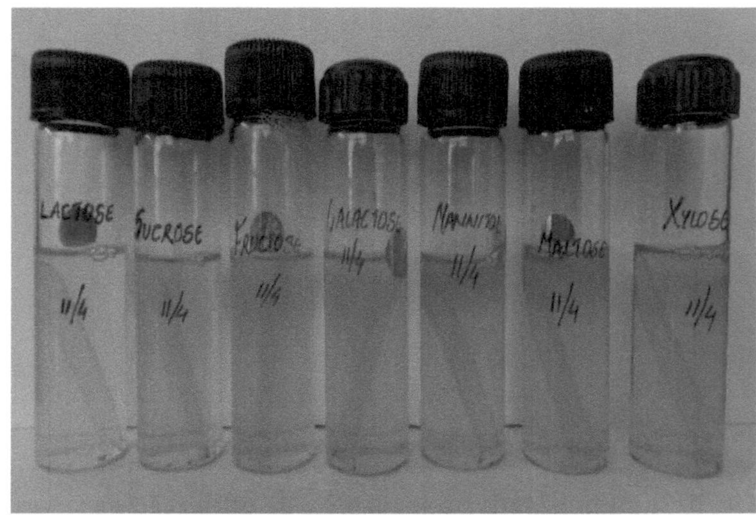

4.6: Fermentação de hidratos de carbono pelo
isolado de *Lactobacillus*

PLACA-7

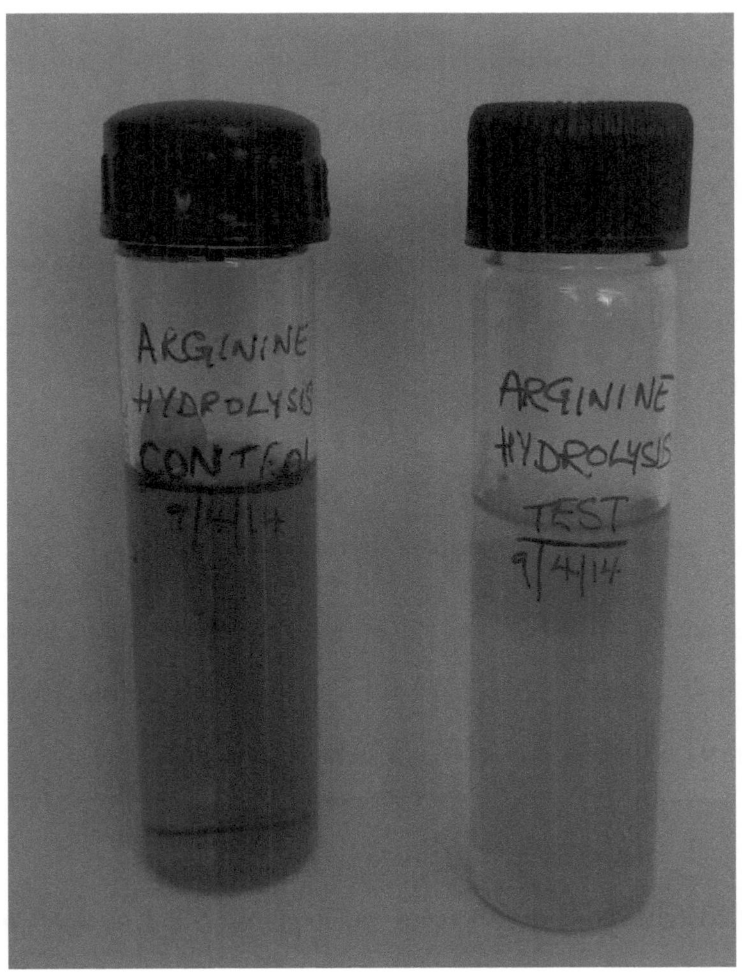

4.7: Hidrólise da arginina do isolado de Lactobacillus

4.4. Caracterização fisiológica do isolado de *Lactobacillus:*
4.4.1.Crescimento a 10°C e 42°C:

O crescimento do isolado de *Lactobacillus* foi observado a 10°C após um período de incubação de 7 dias. A turvação no caldo MRS foi observada como uma indicação do crescimento microbiano.

Um período de incubação de 48 horas foi suficiente para observar a turvação do caldo MRS após a inoculação com o isolado testado, quando este foi incubado a 42°C.

4.4.2 Necessidade de oxigénio do isolado:

O isolado foi mantido em condições anaeróbias, microaerofílicas e aeróbias para verificar o seu crescimento. Em todas as três condições, o isolado cresceu. Este facto foi confirmado pela observação da turvação do caldo MRS.

4.4.3.Efeito de concentrações variáveis de NaCl no *Lactobacillus* isolado:

O *Lactobacilli sps.*isolado *foi* capaz de tolerar altas concentrações de NaCl suplementado no caldo MRS. As concentrações utilizadas foram de 1% a 10% w/v de NaCl. O isolado cresceu bem em caldo suplementado com NaCl até uma concentração de 3%.

concentração. O crescimento diminuiu acentuadamente com o aumento da
concentração de sal no caldo. (Fig.)

PLACA-8

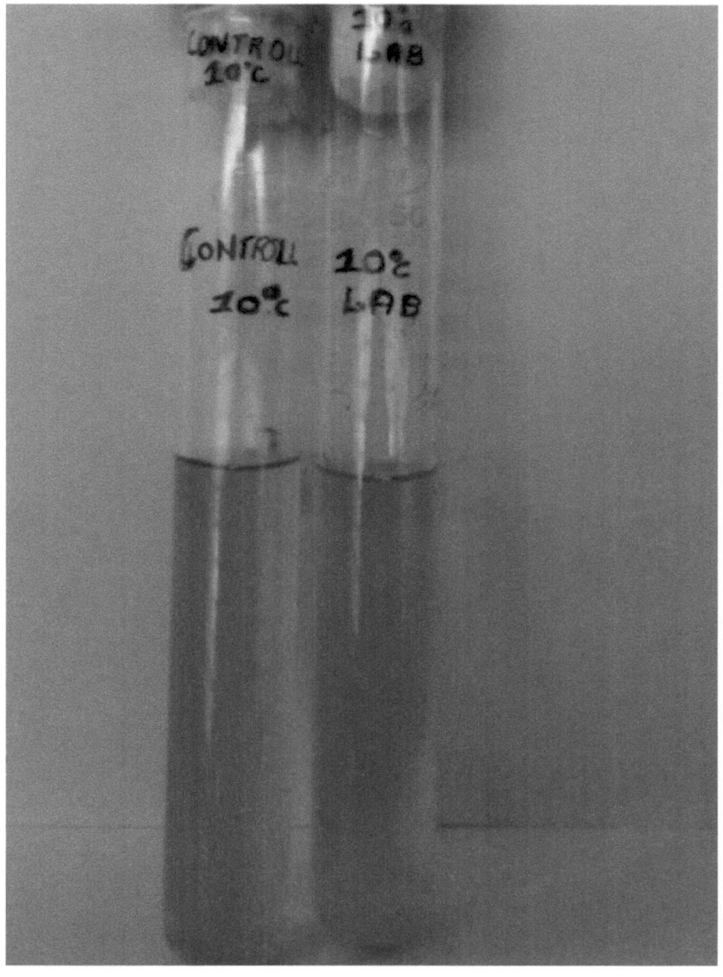

4.8: Crescimento do isolado de Lactobacillus a 10 C°

PLACA-9

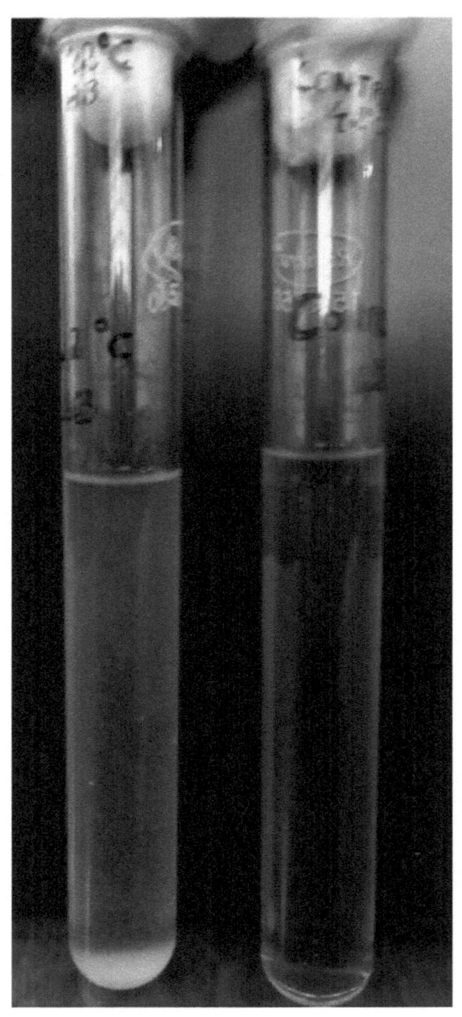

4.9: Crescimento do isolado de Lactobacillus a 42 Cº

PLACA-10

4.10: Instalação para o crescimento de um isolado de *Lactobacillus* em condições micro condições micro-aerofílicas

PLACA-11&12

4.11: Crescimento do isolado de *Lactobacillus* em condições anaeróbias, micro aerófilas e aeróbias (Controlo)

4.12: Crescimento do isolado de *Lactobacillus* em condições anaeróbias, micro aerófilos e aeróbios

FIGURA 13 E 14

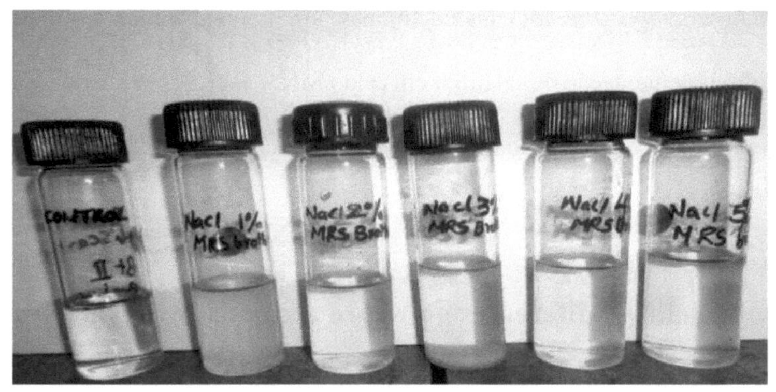

4.13: Cloreto de sódio (1%-5% NaCl) Tolerância do

Isolado de
Lactobacillus

4.14: Cloreto de sódio (6%-10% NaCl) Tolerância do

Isolado de
Lactobacillus

4.4.4.   Efeito do sal biliar no isolado:

O isolado de *Lactobacillus* foi capaz de manter um bom crescimento e multiplicação até 0,1% p/v de suplementação de sal biliar em caldo MRS. O crescimento do isolado diminuiu com o aumento da concentração de sal biliar.

4.4.5.   Efeito de diferentes pH sobre a atividade de *Lactobacillus sps:*

O isolado apresentou o melhor crescimento a pH 6,5, mas cresceu consideravelmente bem em caldo MRS cujo pH foi ajustado para diferentes pH. Observou-se que o isolado tolera tanto o pH ácido como o alcalino.

- Os resultados dos quatro parâmetros fisiológicos acima referidos (necessidade de oxigénio, tolerância ao NaCl e aos sais biliares, tolerância ao pH) indicaram que o *Lactobacillus sps.* isolado tem potencial para ser utilizado como probiótico.

4.5.Produção de ácido orgânico pelo isolado:

Com o aumento do tempo de incubação, verificou-se que o isolado produzia cada vez mais ácido lático. Mas, comparativamente, foi produzido menos ácido lático entre 72 e 96 horas.

PLACA-15

4.15: Tolerância ao sal biliar do isolado de *Lactobacillus*

PLACA-16

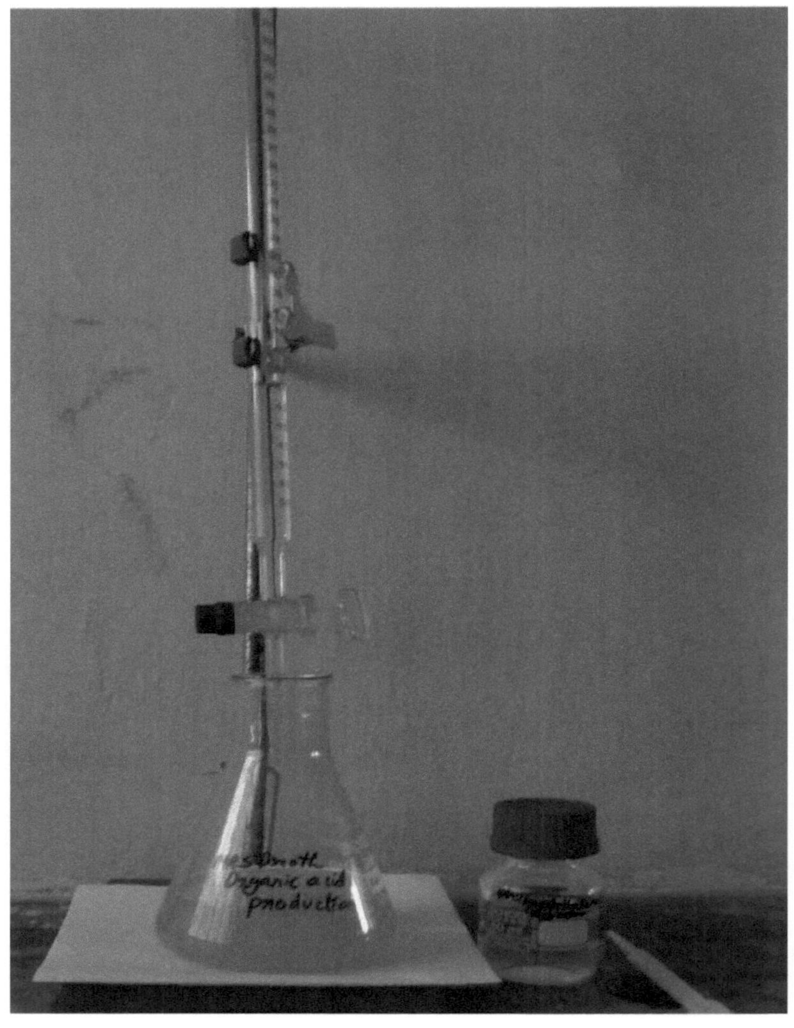

4.16: Configuração experimental para a estimativa do ácido orgânico produzido pelo isolado de *Lactobacillus*

4.6. Determinação da atividade antimicrobiana:

Utilizando o método da placa em taça, verificou-se que o isolado tinha produzido algumas moléculas que inibiam o crescimento dos organismos de teste. Foi observada uma zona de inibição proeminente na placa que continha *Staphylococcus aureus, por* outro lado, foi observada uma zona ténue na placa que continha o organismo de teste - *Bacillus subtilis.* Isto mostrou que os *Lactobacillus sps.* isolados apresentaram atividade antimicrobiana.

PLACA-17

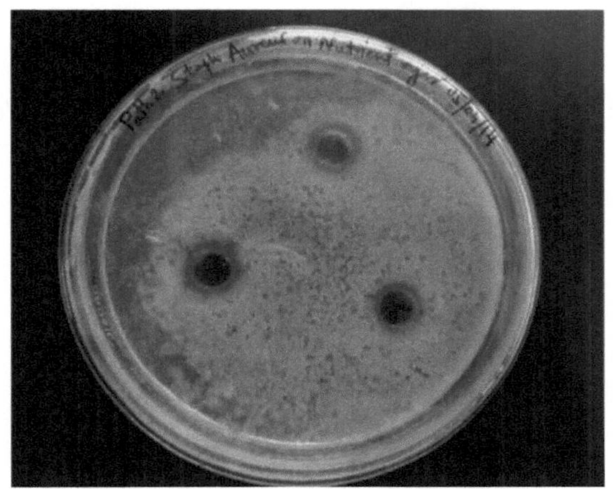

4.17: Atividade antimicrobiana do isolado de *Lactobacillus* em *Staphylococcus aureus*

PLACA-18

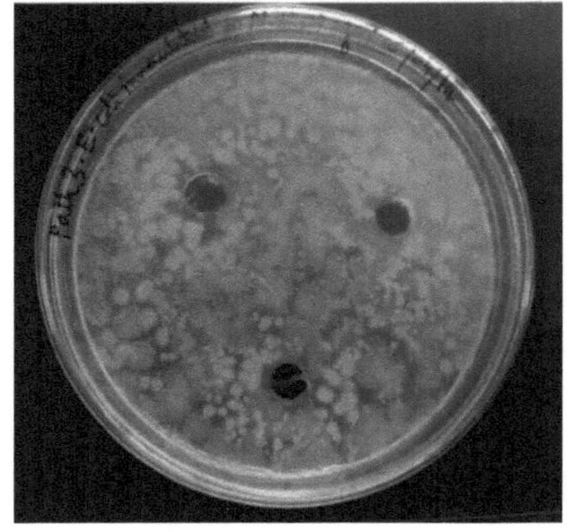

4.18: Atividade antimicrobiana do isolado de *Lactobacillus* em _Escherichia coli_

PLACA-19

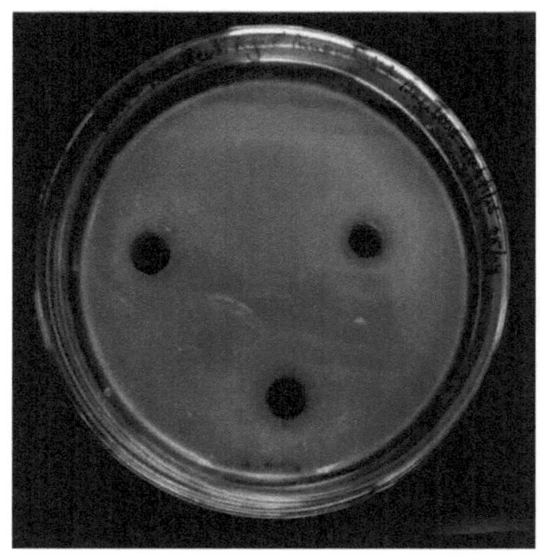

4.19: Atividade antimicrobiana do isolado de *Lactobacillus* em *Bacillus subtilis*

4.7. Avaliação do iogurte de soja:

As amostras preparadas de iogurte de soja foram avaliadas utilizando uma escala de 5 pontos, como se indica a seguir:

Tabela no. 4.3: Tabela de referência para a escala hedónica de 5 pontos para avaliação do iogurte de soja

	1	2	3	4	5
Cor	Amarelo	Amarelo creme	Creme	Branco	Branco
Odor	Agradável	Bom	Ok	Mau	Falta
Viscosidade	Grosso	Coloidal	Semi-sólido	Escorrendo	Líquido
Doçura	Muito doce	Doce	Doce médio	Menos doce	Sem graça
Azedume	Muito azedo	Azedo	Meio azedo	Menos azedo	Sem graça
Textura	Muito suave	Suave	Áspero	Muito rudimentar	Granulado
Aceitabilidade global	Muito bom	Bom	Ok	Mau	Muito mau

Tabela no. 4.4: Avaliação do iogurte de soja (preparado) suplementado com Lactose

	Painelista 1	Painelista 2	Painelista 3	Painelista 4	Painelista 5	Painelista 6
Cor	3	3	2	2	2	3
Odor	3	3	2	4	3	3
viscosidade	1	1	2	1	2	2
doçura	4	4	4	4	5	4
acidez	3	2	2	3	3	2
Textura	4	4	3	4	3	4
aceitabilidade global	3	3	3	3	2	4

Tabela no. 4.5: Avaliação do iogurte de soja (preparado) suplementado com sacarose

	Painelista 1	Painelista 2	Painelista 3	Painelista 4	Painelista 5	Painelista 6
Cor	2	3	2	3	2	2
Odor	3	2	2	3	3	2
Viscosidade	2	2	2	1	1	2
Doçura	2	2	3	2	2	3
Azedume	4	3	3	4	4	4
Textura	3	4	3	4	3	3
aceitabilidade global	2	3	2	3	2	2

Tabela no. 4.6: Avaliação do iogurte de soja (comercial) suplementado com Lactose

	Painelista 1	Painelista 2	Painelista 3	Painelista 4	Painelista 5	Painelista 6
Cor	3	2	3	4	4	3
Odor	3	3	3	2	3	3
Viscosidade	1	1	1	1	2	1
Doçura	3	3	3	4	3	4
Azedume	2	3	3	3	2	3
Textura	2	2	2	1	2	1
aceitabilidade global	2	2	2	2	2	2

Tabela no. 4.7: Avaliação do iogurte de soja (comercial) suplementado com sacarose

	Painelista 1	Painelista 2	Painelista 3	Painelista 4	Painelista 5	Painelista 6
Cor	2	2	3	2	3	3
Odor	2	2	3	3	3	2
Viscosidade	2	1	1	2	2	1
Doçura	2	2	2	2	2	2
Azedume	4	4	3	4	4	4
Textura	2	2	2	2	2	2
aceitabilidade global	2	2	2	2	2	2

GRÁFICOS
Fig. 4.1: Efeito de várias concentrações de NaCl no isolado de *Lactobacillus*

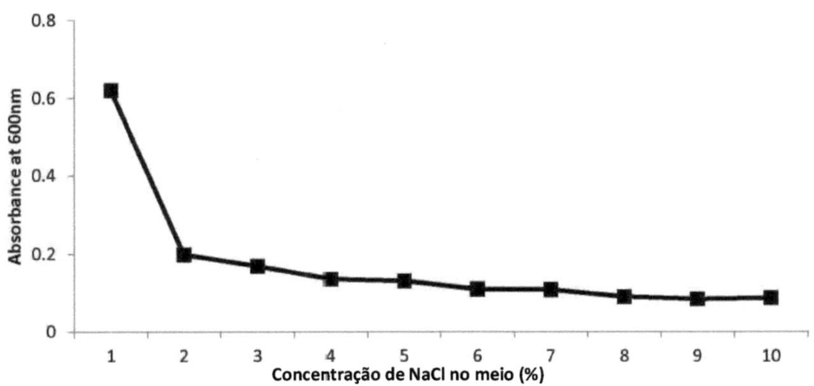

Tabela 4.8: Efeito de diferentes concentrações de NaCl no meio

Concentração de NaCl no meio	Absorvância a 600nm
1%	0.620
2%	0.199
3%	0.169
4%	0.136
5%	0.131
6%	0.110
7%	0.109
8%	0.091
9%	0.085
10%	0.088

Fig 4.2: Efeito do sal biliar em concentrações variáveis no isolado de *Lactobacillus*

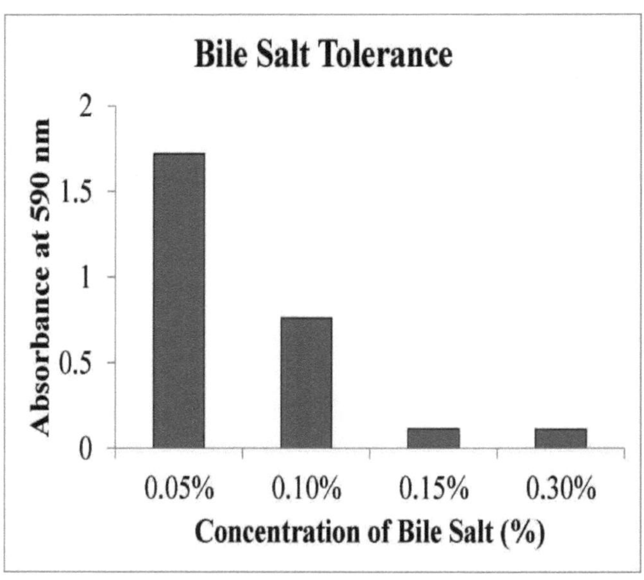

Tabela 4.9: Efeito de diferentes concentrações de sal biliar no meio

Concentração de sal biliar no meio	Absorvância a 590nm
0.05%	1.720
0.10%	0.761
0.15%	0.113
0.30%	0.110

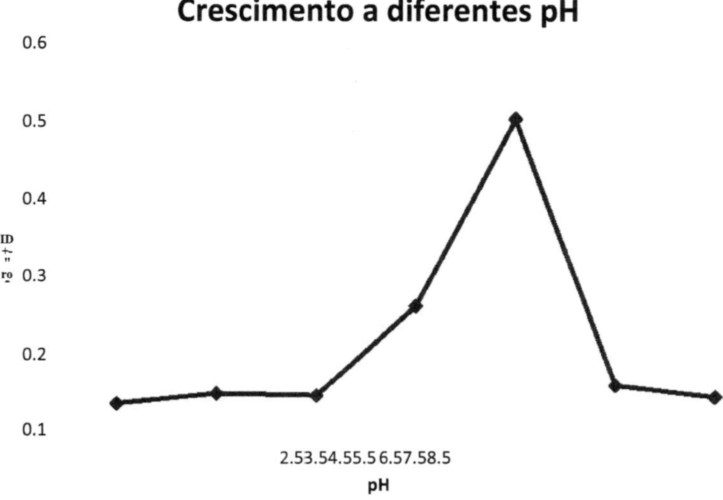

Tabela 4.10: Efeito de diferentes pH no crescimento dos *Lactobacilos* isolados

pH	Absorvância a 600nm
2.5	0.136
3.5	0.149
4.5	0.146
5.5	0.262
6.5	0.505
7.5	0.159
8.5	0.144

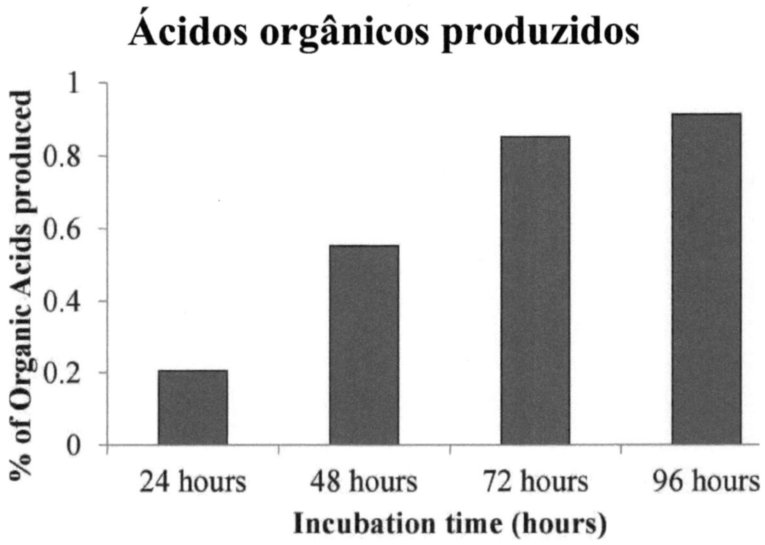

Tabela 4.11: Quantidade de ácidos orgânicos produzidos pelo
isolado de *Lactobacillus*

Tempo de incubação em horas	% de ácidos orgânicos produzidos no meio
24 horas	0.204
48 horas	0.552
72 horas	0.85
96 horas	0.91

DISCUSSÃO
DISCUSSÃO

Uma estirpe de Lactobacillus foi isolada da coalhada obtida de uma fonte local e verificada em vários parâmetros bioquímicos. O estudo avaliou o potencial global do isolado para a produção de iogurte de soja de boa qualidade e também a sua aplicação na produção de péptidos antimicrobianos.

Estudos anteriores realizados sobre várias bactérias probióticas, vêem o trabalho realizado sobre os estudos físico-químicos utilizando o método AOAC e a análise microbiana para a enumeração selectiva das bactérias probióticas. Além disso, a estabilidade dos organismos foi estudada em vários parâmetros como o pH, a temperatura e outros. As estirpes isoladas foram quantificadas quanto à produção de ácidos orgânicos como o ácido lático e o ácido acético. Determinaram também a capacidade do organismo para aumentar o tempo de incubação e de fermentação de modo a diminuir a sua atividade proteolítica.

No nosso estudo, utilizámos o nosso isolado para estudar o seu crescimento em diferentes parâmetros, como o pH em várias gamas, temperaturas variadas e diferentes concentrações de sal, para verificar a sua sustentabilidade em condições zmv'vocon. O nosso isolado deu bons resultados quando testado em todos os parâmetros acima referidos.

Os estudos referidos também sugerem a análise da qualidade do produto através de métodos como a análise ANOVA utilizando uma escala hedónica de 9 pontos. Para isso, realizámos também um inquérito com uma escala hedónica de 5 pontos, que indica as opiniões dos membros do painel para verificar a qualidade do produto utilizando parâmetros como a cor, o sabor, o odor, a doçura, o azedume, a consistência e a sua aceitação global.

CONCLUSÃO

CONCLUSÕES

Foram obtidos muitos isolados de lactobacilos a partir de dahi, mas apenas um deles foi objeto de um estudo aprofundado.

Pode afirmar-se que o *Lactobacillus sps.* isolado de um produto lácteo tradicionalmente indiano (dahi) pode ser explorado como probiótico após a investigação das suas características benéficas.

Este isolado de *Lactobacillus* pode ser utilizado como um iniciador para a produção de iogurte de soja à escala doméstica. É fácil fazer iogurte de soja em casa e pode substituir o iogurte lácteo para pessoas em dieta.

Os antimicrobianos produzidos pelo isolado podem desempenhar um papel importante durante as interacções in vivo que ocorrem no trato gastrointestinal humano, contribuindo assim para a saúde intestinal.

Para compreender melhor e desvendar o papel exato das bactérias do ácido lático que produzem bacteriocinas, é necessária mais investigação.

Devido à sua atividade antimicrobiana, as bacteriocinas produzidas por bactérias do ácido lático tornaram-se um tema de intensa investigação.

LITERATURA CITADA

REFERÊNCIAS

Bhardwaj A., Puniya M., Sangu K. P. S., Kumar S. e Dhewa T.,. Isolamento e caraterização bioquímica de espécies de Lactobacillus isoladas de Dahi. *A Journal of Dairy Science and Technology,* 2012: Volume 1, Issue(2):,2012,: 18-31.

Chaucheyras-Durand F. e H. Durand.Probiotics in animal nutrition and health. Beneficial Microbes, 2010: 1(1): 3-9. doi; 10.3920/BM2008.1002, março.

Choudhary A.; Hossain M. N.; Mostazir N. J.; Fakruddin M.; Billah M. M.; Ahmed M. M. Rastreio de *Lactobacillus* spp. de iogurte de búfalo para atividade probiótica e antibacteriana. J Bacteriol.Parasitiol., 2012: 3:8:156-161, 2012.

Chowdhury,A., Malaker, R., Hossain, M. N., Fakruddin, M., Noor, R., & Ahmed, M. M. Bacteriocin Profiling of Probiotic Lactobacillus spp. Isolated from Yoghurt International Journal of Pharmaceutical Chemistry. 2013: 3 (3);50-56

Cortds-Zavaleta, O., Lopez-Malo, A., Hernandez-Mendoza, A., &Garcia, H. S. (2014). Atividade antifúngica de lactobacilos. *Revista internacional de microbiologia alimentar, 173,* 30-35.

Cruz, A. G., Antunes, A. E., Sousa, A. L. O., Faria, J. A., &Saad, S. M. (2009). O gelado como veículo de alimentos probióticos. *Food Research International,42(9},* 1233-1239.

de Valdez, G. F., & Taranto, M. P. (2001). Probiotic Properties of Lactobacilli. Em *Food Microbiology Protocols* (pp. 173-181). Humana Press.

De Vuyst L.; Leroy F. Bacteriocinas de bactérias do ácido lático: Produção, purificação e aplicações alimentares. J MolMicrobiolBiotechnol, 2007: 13: 194-199, 2007.

Devi, M., Rebecca, L. J., &Sumathy, S. (2013). Atividade bactericida da bactéria do ácido lático Lactobacillus delbreukii. *Jornal de Pesquisa Química e Farmacêutica, 5*(2).

Farnworth, E. R., Mainville, I., Desjardins, M. P., Gardner, N., Fliss, I., & Champagne, C. (2007).Crescimento de bactérias probióticas e bifidobactérias numa formulação de iogurte de soja. *International journal ofood microbiology, 116(1),* 174-181.

FragaCotelo, M., Perelmuter Schein, K., Giacaman Salvo, S. S., Abirad, Z., Miguel, P., &CarroTechera, S. B. (2013). Propriedades antimicrobianas de bactérias lácticas isoladas de queijo artesanal uruguaio. *Ciência e Tecnologia de Alimentos (Campinas), 33*(4), 801804.

Fuller, R. (1989). A Review. *Journal of applied bacteriology, 66,* 365-378.

Fuller, R. 1992. Probióticos: The scientific basis . Chapman and Hall, Londres, pp: 398.

Galvez, A., Abriouel, H., Lopez, R. L., & Omar, N. B. (2007).Estratégias baseadas em bacteriocinas para a biopreservação de alimentos. Revista internacional de microbiologia alimentar, 120(1), 51-70.

Gheytanchi E, Heshmati F, BaharehKordestaniShargh, JamilehNowroozi e FarahnazMovahedzadeh. Estudo da enzima galactosidase produzida por lactobacilos isolados de leite e queijo. Revista Africana de Investigação Microbiológica, 2010: Vol. 4(6), pp. 454-458, 18, 2010

Ghorbani, A., Pourahmad, R., Fallahpour, M., &Assadi, M. M. (2012).Production of Probiotic Soy Yogurt. *Anais da Investigação Biológica, 3*(6), 2750-2754.

Gomes, A. M., &Malcata, F. X. (1999).Bifidobacterium spp. e Lactobacillus acidophilus: propriedades biológicas, bioquímicas, tecnológicas e terapêuticas relevantes para utilização como probióticos. *Tendências em Ciência e Tecnologia de Alimentos, 10(4),* 139-157.

Granato, D., Branco, G. F., Nazzaro, F., Cruz, A. G., &Faria, J. A. (2010). Alimentos funcionais e   desenvolvimento de alimentos probióticos não lácteos   :

tendências, conceitos e
produtos. *Comprehensive Reviews in Food Science and Food Safety, 9*(3), 292-302.

Jaichumjai P. Valyasevi R, Assavanig A, Kurdi P. Isolamento e caraterização de *Lactobacillus* planatarumwith sensível aos ácidos aplicação como cultura inicial para a produção de Nham. Food Microbiol, 2010: 27: 741-748, 2010.

Kermanshahi K. R.; Peymanfer S. Isolamento e identificação de *Lactobacilos* de queijo, iogurte e silagem pelo gene 16s rDNA e estudo da produção de bacteriocina e biossurfactante.Jundishapur J. Microbiol., 2000: 5 (4): 528-532, 2000

Krasaekoopt, W., Bhandari, B., &Deeth, H. (2003). Técnicas de probióticos para iogurte. *International Dairy Journal, 13(1)*, 3-13.

Leroy, F., & De Vuyst, L. (2004).Bactérias do ácido lático como culturas de arranque funcionais para a indústria de fermentação alimentar. *Tendências em Ciência e Tecnologia Alimentar, 15*(2), 67-78.

Ljungh, A., &Wadstrom, T. (2006).Bactérias do ácido lático como probióticos. *Current Issues in Intestinal Microbiology, 7(2)*, 73-90.

Ljungh, A., &Wadstrom, T. (2006).Bactérias do ácido lático como probióticos. *Current Issues in Intestinal Microbiology, 7(2)*, 73-90.

Ma, C. L., Zhang, L. W., Yi, H. X., Du, M., Han, X., Zhang, L. L., ... & Li, Q. (2011). Caracterização tecnológica de lactococos isolados de leites fermentados tradicionais chineses. *Journal of dairy science, 94*(4), 1691-1696.

Omogbai B.A., Ikenebomeh M.J. e Ojeaburu S. Utilização microbiana de estacinose na produção de iogurte de leite de soja. Revista Africana de Biotecnologia, Vol.4 (9), pp.905-908, , 2005.

Patil, M. M., Pal, A., Anand, T., &Ramana, K. V. (2010). Isolamento e caraterização de bactérias do ácido lático de coalhada e pepino. *Indian JBiotechnol, 9,* 166-172.

Probióticos. Revista Food Technology, novembro de 1999. 53[11]:66-77

Rana, A., Pandhi, N., &Khunt, M. (2012).Estudo comparativo dos efeitos de vários parâmetros que afectam o crescimento e a fisiologia da flora normal do intestino humano e animal com *probióticos* comerciais.*International Journal of Pharma& Bio Sciences,3(2)*.

Rivera-Espinoza, Y., & Gallardo-Navarro, Y. (2010).Produtos probióticos não lácteos. *Food Microbiology, 27*(1), 1-11.

Saidi N., M. Hadadji e B. Guessas.Screening of Bacteriocin-Producing Lactic Acid Bacteria Isolated from West Algerian Goats milk. Jornal Global de Biotecnologia 2011: 6 (3): 154-161, 2011.

Sarkar. S. Innovations in Indian Fermented Milk Products- A Review. Departamento de Garantia de Qualidade, Metro Dairy Limited, Bengala Ocidental, Índia, publicado online: 14 de fevereiro de 2008.

Siamansouri, M., Mozaffari, S., &Alikhani, F. E. (2013).Bacteriocinas e bactérias do ácido lático. *Journal of Biology, 2*(5), 227-234.

Stinson M. Dairy and Dairy Alternatives: Media Portrayal vs. Nutritional Facts. Western Oregon University, 31-5-2012. http://digitalcommons.wou.edu/aes

Tamime, A. Y., Saarela, M., Korslund-Sondergaard, A., Mistry, V. V., & Shah, N. P. (2005).Produção e manutenção da viabilidade de microrganismos probióticos em produtos lácteos. *Probiotic dairy products,* 39-72.

Tannock G.W, K. Munro, H. J. M. Harmsen, et al. applied Environmental Microbiology. 2000. 66. 2578-2588p.

Tannock G.W., K. Munro, H.J.M. Harmsen, et al. Applied Environmental Microbiology. 2000: 66. 2578-2588p. 2000...

Tannock, G. W. (1997). Probiotic properties of lactic-acid bacteria: plenty of scope for fundamental I & D. *Trends in Biotechnology, 15(7'),* 270-274.

Tiet Le Ngoc e Cao Ngoc Diep.Leite de soja fermentado com bactérias lácticas.Padagosycho University of Dong Thap province, Biotechnology R&D Institute, Can Tho University, Can Tho City, Vietnam year????

Todorov S. D.; Dicks L. M. T. Produção de bacteriocinas por *Lactobacillus pentosus* ST712BZ isolado de boza. Brazilian J Microbiol. 2007: 36:166-172, 2007.

Toomula N. Kumar D. S.; Kumar R. A.; Bindu K. H.; Raviteja Y. Bactérias probióticas produtoras de bacteriocina. J. Microbial Biochem Technol., 2011: 3(5): 121-124, 2011.

Verma, S., Chaudhary, H. S., Singh, E., Gopalan, N., & Kumar Singh, A. (2014). Isolamento e avaliação de potenciais microrganismos probióticos da preparação de alimentos indígenas modificados.

Vij, S., Hati, S., &Yadav, D. (2011).Biofunctionality of Probiotic Soy Yoghurt.*Food& Nutrition Sciences, 2*(5).

Vinderola, C. G., Mocchiutti, P., &Reinheimer, J. A. (2002). Interações entre bactérias iniciadoras de ácido lático e probióticas usadas para produtos lácteos fermentados. *Journal of dairy science, 85*(4), 721-729.

Buy your books fast and straightforward online - at one of world's fastest growing online book stores! Environmentally sound due to Print-on-Demand technologies.

Buy your books online at
www.morebooks.shop

Compre os seus livros mais rápido e diretamente na internet, em uma das livrarias on-line com o maior crescimento no mundo! Produção que protege o meio ambiente através das tecnologias de impressão sob demanda.

Compre os seus livros on-line em
www.morebooks.shop

Printed by Books on Demand GmbH, Norderstedt / Germany